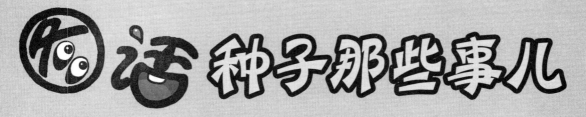

图话种子那些事儿

马冬君　主编

中国农业出版社

编 委 会

主　　编　马冬君

副 主 编　许　真　张喜林

参编人员　李禹尧　王　宁　刘媛媛

　　　　　姜元光　孙鸿雁　张俐俐

审　　核　闫文义

前　言

　　一个品种可以造福一个民族，一粒种子可以改变一个世界。种子作为特殊的生产资料，在农业生产中发挥着重要的作用。在科技发展日新月异的今天，良种的作用更加突出。针对农民在种子的选购、使用，维权等过程中面临的诸多问题，我们总结多年农技推广经验，编写了这本《图话种子那些事儿》。用简洁、生动的画面图解复杂的技术问题，力求做到农民喜欢看、看得懂、用得上。

　　希望此书的出版，能够对广大农民朋友增收致富有所帮助。

2015 年 1 月

目　录

第一章 什么是种子

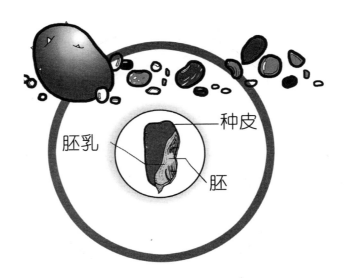

种子改变世界

　　种子是维持植物生命并向下一代延续生命的原始物质，在农业生产中占据着主导位置，主要分为常规种、杂交种和转基因三大类。

转基因　　杂交种　　常规种

　　科技发展了，大家对转基因种子、杂交种子等高科技种子越来越关注。

常规种子

　　是作物本身通过自然规律生长出来的种子，育种家从中进行多年选育出的性状优良的种子，也是水稻、大豆、小麦等自交作物的主要选种方法。

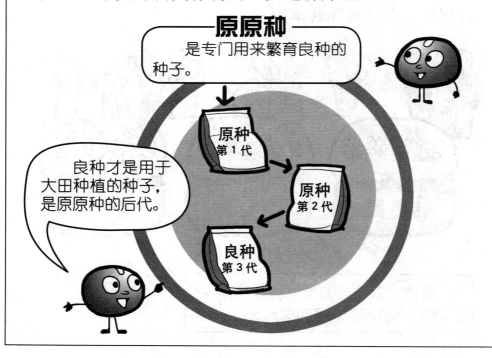

原原种

是专门用来繁育良种的种子。

原种
第1代

原种
第2代

良种
第3代

良种才是用于大田种植的种子，是原原种的后代。

杂交种子 是两个强优势亲本杂交而成（也称 F_1 代）的种子，它综合了双亲优良特性，高产抗病。

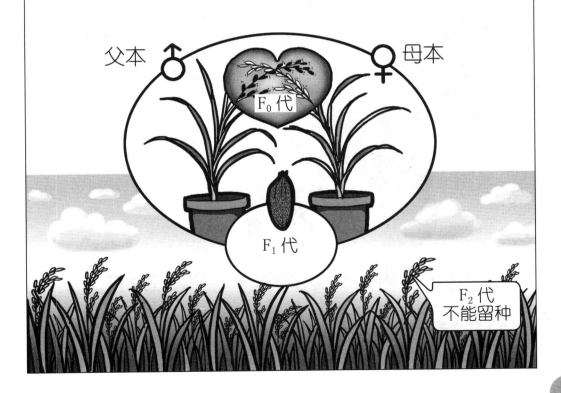

父本 ♂   ♀ 母本

F_0 代

F_1 代

F_2 代
不能留种

转基因

转基因种子　　是利用基因工程技术改变基因组选
育出的种子,在抗病和增产上作用突出。

什么叫品种？

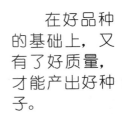

　　品种是经过人工选育而形成遗传性状比较稳定，种性相同，具有人类需要性状的栽培作物群体。如绥玉 7 和先玉 335 是不同的玉米品种。

　　在好品种的基础上，又有了好质量，才能产出好种子。

好种子的标准（一）

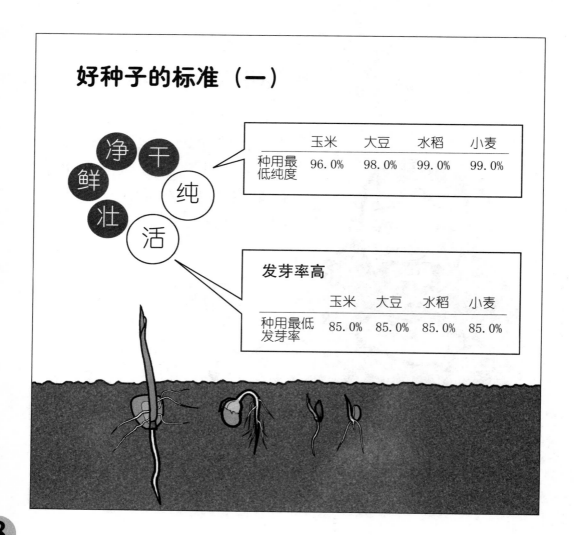

净 干 鲜 纯 壮 活

	玉米	大豆	水稻	小麦
种用最低纯度	96.0%	98.0%	99.0%	99.0%

发芽率高

	玉米	大豆	水稻	小麦
种用最低发芽率	85.0%	85.0%	85.0%	85.0%

好种子的标准（二）

含水率要低

	玉米	大豆	水稻	小麦
不得超过	16.0%	13.5%	16.0%	13.0%

杂质要少

	玉米	大豆	水稻	小麦
种子净度不低于	99.0%	99.0%	98.0%	99.0%

干

净

鲜

壮

纯

活

新鲜，有光泽

生活力强

什么是假种子？

> 你卖给我的是冒牌货，不是我要的品种，赔我损失！

以某一品种的种子冒充其他种品种种子。

> 买的糯玉米种子，种出来咋不是糯玉米啊？

种子种类、品种、产地与标签标注的内容不符。

什么是劣质种子?

质量低于国家规定的种用标准

质量低于标签标注的指标

如何识别劣质种子？

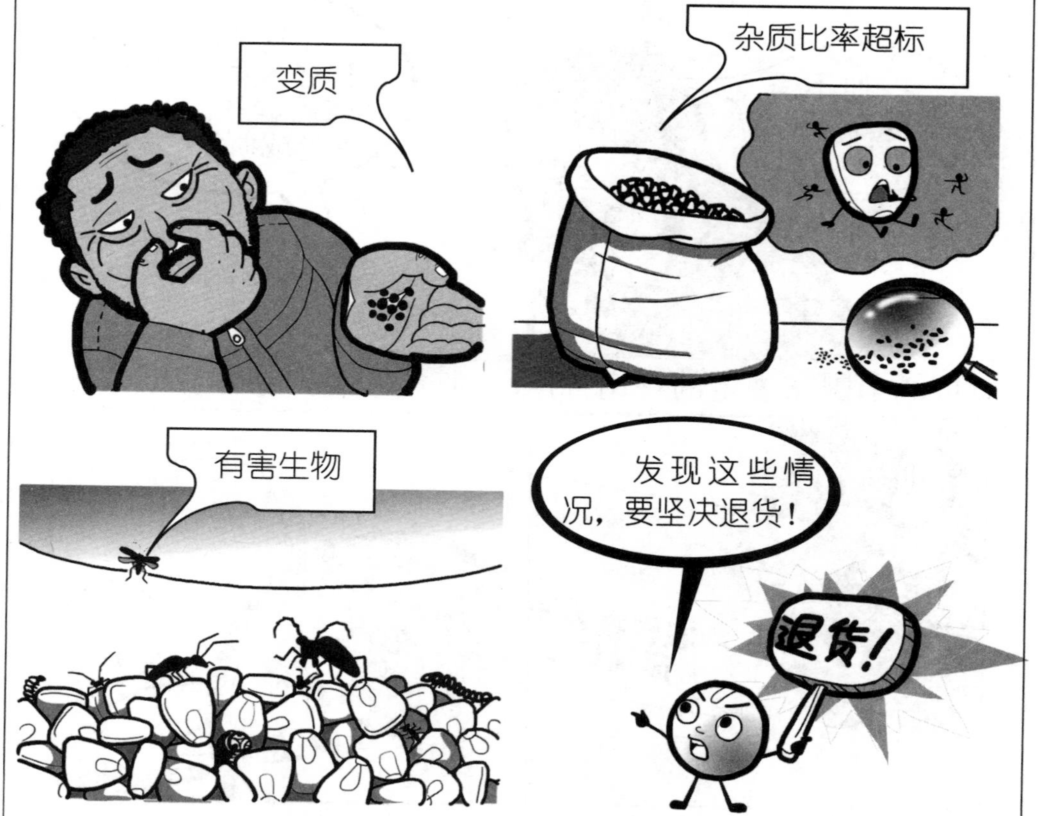

第二章 选择好种子

去淘宝

　　每年的春节一过，农民早早就开始到科研院所、农资市场转悠，希望"淘"点好东西，为一年的丰收打个好底儿。

眼明心亮挑种子

看含水量
　　潮湿的种子，有可能发霉变质。

看整齐度
　　好种子的大小、色泽、粒形等差距较小。

看颜色
　　粒色一致，没有明显差异。

看净度
　　无土粒、砂粒、灰尘等杂质。

大豆良种
金豆子1号
产地
质量标准
检疫证明标号
种子生产经营许可证编号

看标签
　　类别、品种名称、产地、质量指标、检疫证明编号、生产及经营许可证编号应标注，且与销售的种子相符。

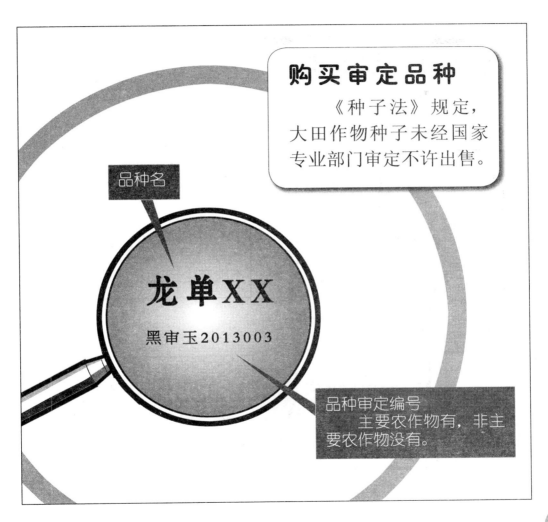

购买审定品种

《种子法》规定，大田作物种子未经国家专业部门审定不许出售。

品种名

龙单XX

黑审玉2013003

品种审定编号
主要农作物有，非主要农作物没有。

19

看标签、识真伪

只有数字，没有完整名称，只能称作是品系，不能在生产上大面积应用。

有完整的种子名称，是审定品种。且有"农作物种子生产许可证编号"。

越区种植有风险

任何地区，选种都要考虑当地的积温情况。

越区种植有风险

　　违背自然规律越区种植晚熟品种，二、三积温带越区种植一积温带的品种，会导致造成秋天粮食成熟度不够，产量低。

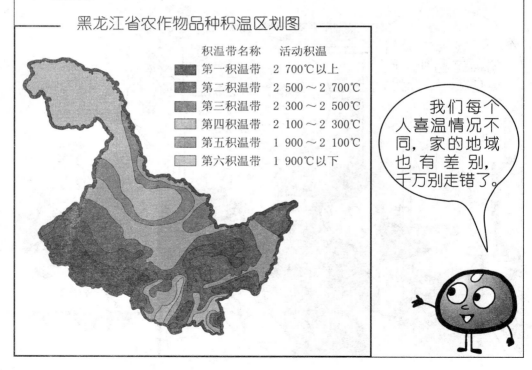

黑龙江省农作物品种积温区划图

积温带名称	活动积温
第一积温带	2 700℃以上
第二积温带	2 500～2 700℃
第三积温带	2 300～2 500℃
第四积温带	2 100～2 300℃
第五积温带	1 900～2 100℃
第六积温带	1 900℃以下

我们每个人喜温情况不同，家的地域也有差别，千万别走错了。

越区种植先试验种植两三年

如果想种植其他地区的高产品种，一定要少买，试种 2～3 年，表现良好后，方可考虑大面积种植。

玉米越区种植，秋收时水分高易捂堆

　　玉米若越区种植不当，收上来含水量高，捂堆霉烂的情况时有发生。导致农民卖粮难、粮库收储难、对外销售难、农民增收难。

大豆越区种植变化大

"千里麦，百里豆"，大豆品种适应地区范围较窄，引种不当会造成重大损失，甚至绝收。

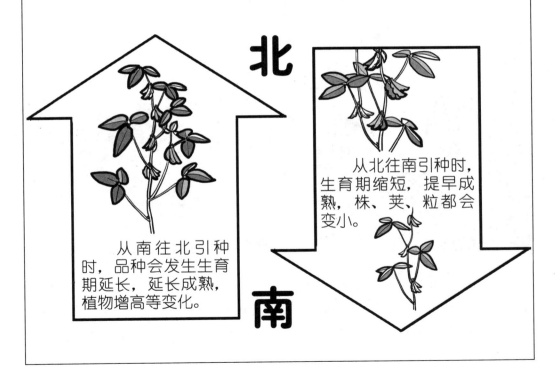

北

从南往北引种时，品种会发生生育期延长，延长成熟，植物增高等变化。

从北往南引种时，生育期缩短，提早成熟，株、荚、粒都会变小。

南

25

选种考虑区域适应性

种子都有区域适应性，引种一定要考虑两地的生态条件是否接近或相似。

气候也是决定产量的重要因素。一年的高产并不代表年年的丰收。

各项条件细分析，对号入座选种子

选种时要了解品种的特征特性、优缺点、适应区域，要求的栽培技术等。

? 自己处于哪个积温带，是上限还是下限

? 土地的肥力情况

? 投入水平

? 栽培模式

选种要考虑的问题还挺多！得分析分析。

第三章 种子贮藏

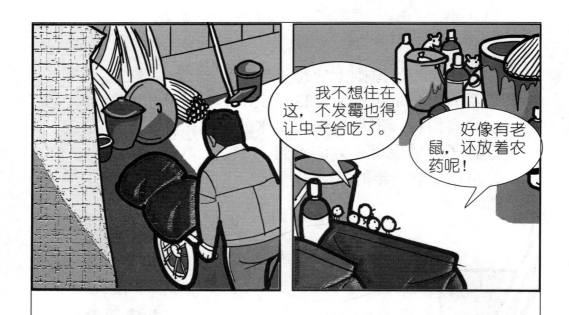

贮藏不当，一年白忙

种子在贮藏过程中会受到温度、湿度的影响，甚至受到化肥、农药等化学物质的污染而不同程度全部或部分丧失生命力。

防霉变，防虫害

种子保管不好会霉变，引起种子发热霉变的主要是霉菌。

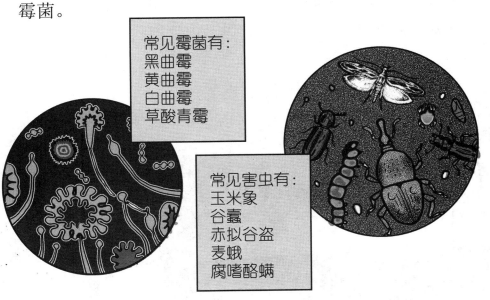

常见霉菌有：
黑曲霉
黄曲霉
白曲霉
草酸青霉

常见害虫有：
玉米象
谷蠹
赤拟谷盗
麦蛾
腐嗜酪螨

虫害是种子贮藏过程中的最大危害，可造成种子数量和质量上的严重损失。

防水防潮

　　用于贮藏种子的库房绝对不能在雨雪天气时地面积水，或有其他任何来源的水与种子接触，否则种子会因水分过高而加快呼吸、发热和生长霉菌。

种子吸湿返潮
会降低发芽率

　　无论是用麻袋、布袋或其他容器贮藏种子，都不宜直接放在地面上，最好用木板在地面上垫高 50 厘米左右。

种子不能和农药化肥混合贮藏

　　若把种子和化肥、农药混合贮藏在一起，由于化肥和农药具有一定的挥发性，异味就会被吸附在种子表面，并逐渐渗透到细胞里面，严重影响种子的生活力，使种子的发芽率降低。

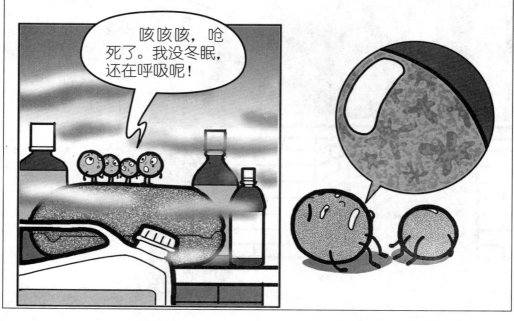

忽冷忽热会影响种子生机

进入深冬后，贮藏在室外的种子不要再转入暖室里，存放在室内的种子也不要再拿到室外，温度变化会导致种子发芽率降低。种子如较长时间被烟气熏蒸，也会降低种子的发芽率和发芽势。

水稻贮藏防发芽

稻种有内、外稃，种堆疏松，孔隙大，易保管，但贮藏中常出现的问题是易发芽。

湿度太大，搞不好要发芽了。

这会儿就出芽，那不废了吗。

稻种含水量23%～25%时便发芽，种子入库水分过高，或入仓后受潮、淋雨都可发芽。

干燥稻种、降低含水量

　　黑龙江省收获时气温低，种子含水量较高。因此，其安全贮藏的关键是及时干燥稻种。

含水量降至14%以下再入库。

大豆应低温密闭贮藏

大豆在高温情况下易引起红变，应低温密闭贮藏。

热的！这两天温度高，黄豆都变"红豆"了。

凉快！

这是咋了，跟喝了二两似的。

趁寒冬季节将大豆转仓或出仓冷冻，使种温充分下降后，再进仓密闭贮藏，最好表面再加一层压盖物。

大豆种子入库后及时倒仓、通风散湿

大豆收获入库后，还在进行后熟作用，会释放出大量的湿热，如不及时散发，就会引起发热霉变。

在大豆入库3～4周后，应及时进行倒仓过风散湿，并结合过筛除杂，防止出汗发热、霉变、红变等。

预贮马铃薯种薯先堆置形成木栓层

收获后，先将块茎堆置 10 ～ 14 天，愈合伤口形成木栓层。若温度低，则时间要长一些。注意通风，定期检查、倒动，降低薯堆中的温、湿度。

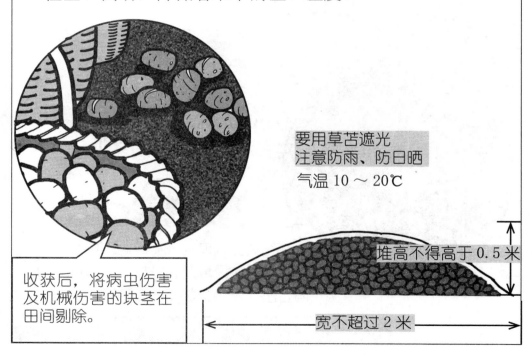

要用草苫遮光
注意防雨、防日晒
气温 10 ～ 20℃

堆高不得高于 0.5 米

收获后，将病虫伤害及机械伤害的块茎在田间剔除。

宽不超过 2 米

棚窖贮藏马铃薯种薯

　　贮藏马铃薯的棚窖与大白菜窖相似，窖顶为秸秆盖土。天冷时再覆盖一层秸秆保温。

　　10月份收获马铃薯后入窖，薯堆1.5～2米高。窖温3～4℃，相对湿度90%以上。

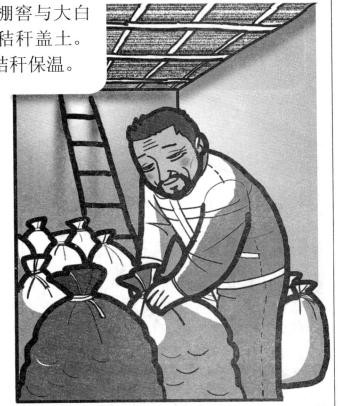

通风库贮藏马铃薯

    采用通风库贮藏，一般散堆在库内，隔一定距离垂直放一个通风筒。贮藏期间要检查。

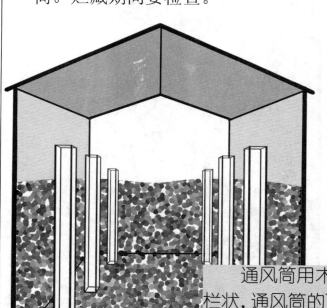

    通风筒用木片或竹片制成栅栏状，通风筒的下端要接触地面，上端要伸出薯堆，便于通风。

小麦吸湿性强，贮藏要防吸湿

皮薄、疏松、红皮、硬质小麦比白皮、软质小麦的吸湿性差。

控制种温，防止吸湿，确保种子质量		
含水量	13%～14%	14%～14.5%
种温	25℃以下	20℃以下

含水量在12％以下的麦种，应及时入仓，采取密闭贮藏法减少种子吸湿，可较长期的保持种子生活力。

小麦种子需充分后熟，才能贮藏

没有后熟就把咱放进库房里，身上忽冷忽热，赶上打摆子了。

"出汗""乱温"都不好受啊！

小麦种需要一定的后熟期

种皮较厚的红皮小麦后熟期长，可达80天以上。

北方的白皮小麦，后熟期短，有的只有10天左右。

第四章 种子处理

发芽试验不能少

为什么要做发芽试验

　　种子在贮藏过程中受到温度、湿度的影响，其生命力会产生不同程度的降低，甚至受到化肥、农药等化学物质的污染而全部或部分丧失生命力。

简单实用，玉米种砂培法

把发芽用的砂子用开水浇透保温半小时消毒。

把晾凉后的砂子装入碗、盆、罐头瓶等。

随机取100粒玉米种子摆入砂中。

覆盖2厘米厚的砂子。

简单实用，玉米种砂培法

把容器放到温暖的地方，等待 4～5 天。

出齐苗后, 计数, 算出发芽率。

砂子过干时适当浇点水, 水必须干净, 严防油污。

水稻发芽率变化大

水稻浸种催芽前要做发芽试验，如出芽不好，可以及时换种，减少损失。

种子

出芽太差，可是这会儿再换种子，就误农时了！

热水瓶法泡稻种

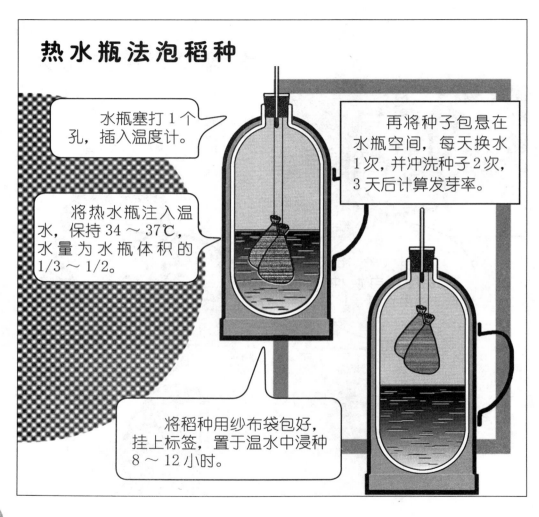

水瓶塞打 1 个孔，插入温度计。

将热水瓶注入温水，保持 34～37℃，水量为水瓶体积的 1/3～1/2。

再将种子包悬在水瓶空间，每天换水 1 次，并冲洗种子 2 次，3 天后计算发芽率。

将稻种用纱布袋包好，挂上标签，置于温水中浸种 8～12 小时。

大豆发芽

　　大豆只要放在水里泡 6～7 个小时，然后把水倒出，最好用布盖上，每天换水一次，等豆子发芽就可查发芽率了。

真简单，跟发豆芽是一样的。

水稻先浸种、后催芽

　　浸种的水必须没过种子，使种子吸足水分。浸种前和浸种过程中必须洗净种子，更换清水，从而使种子吸入新鲜水分。

浸种同时消毒除病

恶苗病、稻瘟病（苗瘟）的病原菌。

在浸种的同时，一定要给这些种子进行"消毒"。

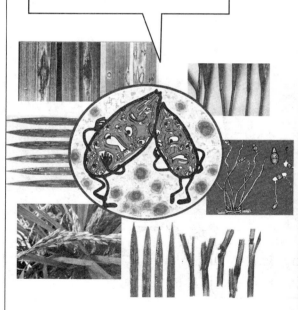

水稻催芽——快、齐、匀、壮

催好的种子根、芽长 2 毫米左右，呈双山形。

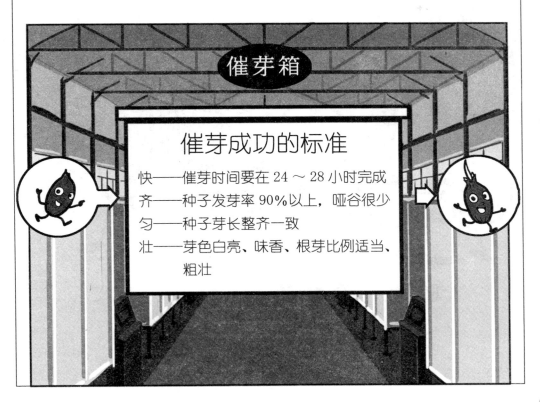

催芽箱

催芽成功的标准

快——催芽时间要在 24 ～ 28 小时完成

齐——种子发芽率 90% 以上，哑谷很少

匀——种子芽长整齐一致

壮——芽色白亮、味香、根芽比例适当、
　　　粗壮

浸种催芽车间

晾芽　湿散热

　　晾芽 6 小时，散去多余热量和水分，提高抗寒能力和散热性。

第五章 种子包衣

旱田种子穿新衣

种子和土壤中常带有各种病菌、虫卵，直接播种容易引发苗期病虫害，因此最好购买带包衣的种子。如种子未包衣，要在春播前进行包衣，以此去除这些"坏毛病"。

土传病害和地下害虫的克星

　　种子外围包上一层种衣剂，在种子外面形成一层均匀的药膜，杀死病菌和虫卵。

擦亮眼睛，
识别真假种衣剂

三无产品不能买

优质种衣剂

假种衣剂

包衣后半透明薄膜附着在种子表面，膜衣均匀一致。农药登记证、批准文号、生产许可证，"三证"齐全。

无"三证"、无厂家、无气味。

使用时做好防护，
发生意外及时救治

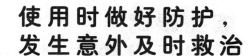

种衣剂属高毒农药，包衣时必须在通风处操作，穿上工作服、戴好橡胶手套，做好保护工作。

如有中毒现象，及时到医院就近治疗。

就地取材，塑料袋滚动混合法拌种

扎紧袋口，两人各拉一头上下颠动，来回滚动数次，方法简单又安全。

摇匀后按药、种比例拌种。

将种子装入塑料袋内，然后将种衣剂反复上下摇匀倒在种子上。

不能随意添加其他成分

不能在种衣剂内添加其他药肥，以免造成沉淀、成膜性差。

避免使用劣质种衣剂

安全储藏

　　种衣剂应贴上标签，存放在远离火源、热源，且小孩和家畜不能接触到的凉爽干燥处。禁止与食物、饮料等混在一起放置。

玉米种子正确包衣杀虫灭菌

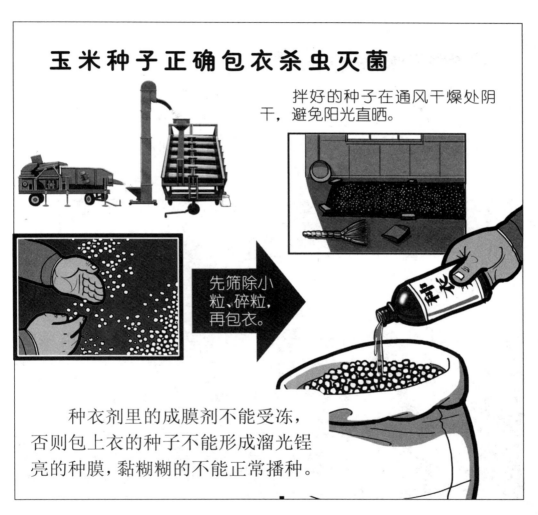

拌好的种子在通风干燥处阴干，避免阳光直晒。

先筛除小粒、碎粒，再包衣。

种衣剂里的成膜剂不能受冻，否则包上衣的种子不能形成溜光锃亮的种膜，黏糊糊的不能正常播种。

减少玉米粉籽

　　播种后若遇到连阴雨天，土壤含水量过高，种子会长时间处于水浸状态，种皮易破裂并受菌类感染而发霉腐烂，而用种衣剂包衣可有效缓解粉籽问题。

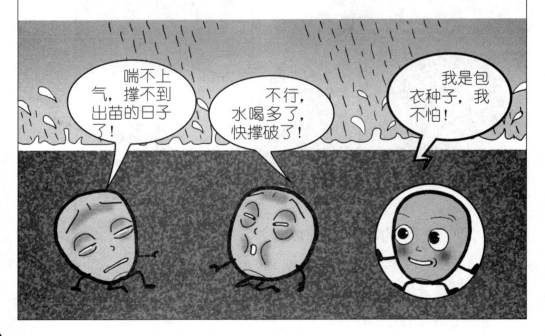

玉米包衣后不能再浸种催芽

玉米种子包衣后不能浸种催芽，种衣剂溶水后，不但会使种衣剂失效，而且还会对种子的萌发产生抑制作用。

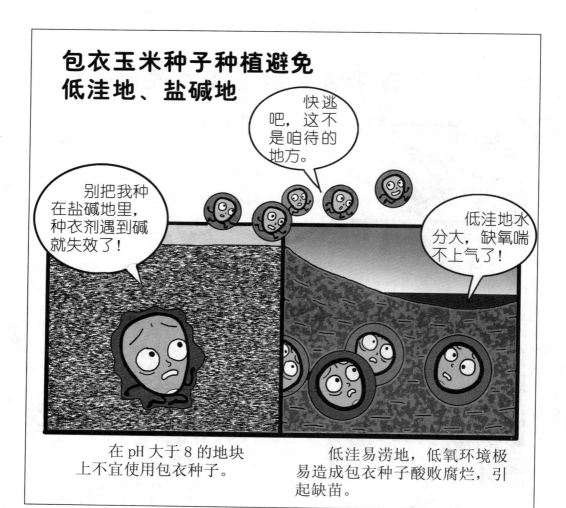

包衣防治大豆苗期病虫害

　　大豆种衣剂可防治苗期病虫害，如大豆胞囊线虫、根腐病、根潜蝇、蚜虫、二条叶甲等。也可缓解大豆重、迎茬减产现象。

接种根瘤菌提高大豆产量

大豆拌种能防治根腐病，增加大豆根瘤菌，减少氮肥投入，有效缓解和改善大豆重迎茬，改良土壤、提高地力。

大豆根瘤菌能够与豆科作物共生，通过固定大气中的氮来满足作物生长所需氮素。

13℃

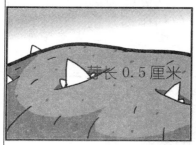

芽长 0.5 厘米

马铃薯提前晒种催芽

马铃薯的种薯一般在播前 20 天出窖。将种薯放在室内地面，进行晒种催紫芽，机播芽长 0.5～1 厘米，人工芽长 1～3 厘米，3 天翻动一次。

马铃薯切块大小要均匀

个头大的种薯切块，大小均一（30～45克），每块1～2个芽眼。播前3～4天切块，切块后散放通风处，温度15～18℃。

准备2把切刀和1个装消毒液（75%酒精）的桶，刀要完全浸没在消毒液中，消毒液每隔2小时更换一次。每切完一个健康种薯换一次刀消毒。

30～45克
整薯栽培

60～90克
切一刀

90～180克
切两刀

180～240克
切3～4刀

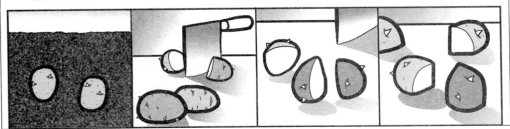

马铃薯拌种方法

播前 2 天，把这些材料混拌均匀。

70% 的甲基硫菌灵可湿性粉剂 100 克

2% 农用链霉素可湿性粉剂 15 克

滑石粉 2.5 千克

切块种薯 150 千克

马铃薯拌种方法

62.5 克/升亮盾（精甲•咯菌腈）悬浮剂 150 毫升，加水 1.25 升。

药剂喷雾
搅拌均匀
拌滑石粉

滑石粉 2.5 千克

切口风干的 150 千克薯块

拌种防治黑胫病、疮痂病、环腐病、烂种，促进马铃薯出苗、生长、增产。

播前晒麦种能防霉、防虫，提高发芽势和发芽率，促进后熟，利于壮苗增产。

小麦播前要精选

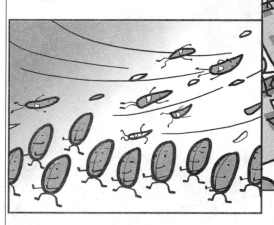

小麦种子在播前要用精选机精选，也可用筛选、风扬将碎粒、瘪粒、杂物等清理出来。

小麦晒种提高发芽率

　　选晴天将麦种均匀地摊在席子上，白天经常翻动，夜间堆起盖好，一般连晒 2～3 天即可。麦种晒后要注意测定发芽率，以便确定播种量。

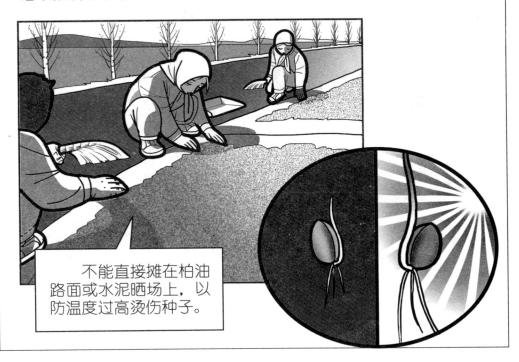

不能直接摊在柏油路面或水泥晒场上，以防温度过高烫伤种子。

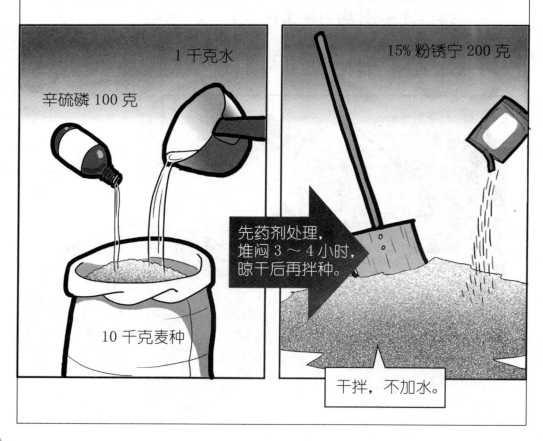

第六章 种子维权

买种子的窝心事

在小农资商店购买的所谓"优质"水稻稻种，播种后却发现种子拱土缓慢，小苗瘦弱，所有的苗都不能用了，怎么办？

权威部门做鉴定

到农资商店问咋回事儿，可农资店主推卸责任。此时，要去种子权威部门做质量鉴定，并通过法律途径来维护自己的权益。

种子销售者先行赔偿

因种子质量问题而遭受损失的，不论这种损害是由谁造成的，农民都可以直接向销售者要求先行赔偿，销售者不得推诿。

- 种子质量不合格
- 假冒种子
- 未经审定的种子
- 包装标识不符合要求

保存发票等证据

纠纷发生后，可通过协商、调解、行政申诉、仲裁和诉讼五种途径来解决。而种子使用者只有提供了充分有效的证据，才能确保自己的合法权益得到及时维护。

发票是证明农民权益受损最有效的证据，要写明具体的品种和数量，有特殊要求的应当在发票中注明，一定要有销售单位红章。

保留样品，寻找证人

最好留有未种植完的种子样品，在购种数量比较多的情况下，最好留有未开袋的样品。

找到了解情况的证人，就自己知道的事实作口头或书面陈述。

剩下这半袋种子你收好，万一种子有问题，这就是证据。

张大哥，我买种子的时候你也在，你去法院给我做个证。

现场勘验、申请公证、拍照取证

在田间可以鉴定的有效时限内，及时邀请种子管理、农业科技等专业部门进行鉴定，出具鉴定结论和现场勘验笔录。

当发现有受损害的征兆，应在证据灭失之前，向公证部门提出申请，由公证部门通过照相、录像、取样等方法保留证据。

购买好种子要去正规部门

　　总之，农民要明白一个道理，那就是一定要到正规部门购买真正的好种子。

通过正当渠道依法维权

农民一旦遭遇假劣种子，伤害是致命的，受害农民应懂得依法维权，与不法经营者作斗争。

　　维护自己的合法权益，淘到称心如意的好种子，一年的丰收就有了希望。

致　谢

　　《图话种子那些事儿》一书能够顺利出版，得到了农业部种子管理局"2014 农产品质量安全监管（种子管理）"项目的资助。同时，众多权威专家和科研人员为本书提出了宝贵的意见、建议，在此一并表示感谢。

图书在版编目（CIP）数据

图话种子那些事儿 / 马冬君主编.—北京：中国
农业出版社，2015.5
ISBN 978-7-109-20461-4

Ⅰ.①图… Ⅱ.①马… Ⅲ.①作物－种子－图解
Ⅳ.①S330-64

中国版本图书馆CIP数据核字（2015）第097163号

中国农业出版社出版
（北京市朝阳区麦子店街18号楼）
（邮政编码 100125）
责任编辑 闫保荣

中国农业出版社印刷厂印刷 新华书店北京发行所发行
2015年6月第1版 2015年6月北京第1次印刷

开本：787mm×1092mm 1/24 印张：4.5
字数：60千字
定价：12.00元
（凡本版图书出现印刷、装订错误，请向出版社发行部调换）